Serie JELU-RUEMAR

Propuestas para optimizar la enseñanza y
el aprendizaje de la fisica

séptimo tomo:
Conversiones -despejes.

POR: Scarlet C. Rueda M

2019

PRESENTACION

Serie Jelu-Ruemar. Profesora Scarlet C. Rueda M

El objetivo fundamental de este material instruccional es brindar apoyo a los estudiantes que ya tiene una noción de la materia y desean recapitularla o que se están iniciando en su estudio, de tal manera que cuenten con las bases necesarias y suficientes para abordar cualquiera de sus temas; para lo que se incluyen tópicos como: Magnitudes físicas y sistemas de unidades, Despejes y representaciones   Saberes que han sido considerados fundamentos teóricos–prácticos básicos que le permitirán a los estudiantes, desarrollar las habilidades y destrezas necesarias para comprender y desarrollar a cabalidad los saberes inherentes a la física.

En otro orden de ideas se sugiere al estudiante que cubra las etapas del proceso enseñanza y aprendizaje, para que así aproveche al máximo este material instruccional. Es decir, adquiera un vocabulario técnico propio de la Física, aprendiendo definiciones, conceptos y características propias del tema en estudio y resuelva un conjunto de ejercicios que recapitulan la explicación del docente y permiten fijar el conocimiento sobre el algoritmo de resolución de los mismos.

De tal manera que el estudiante tiene que ser el promotor de su propio conocimiento en tres momentos bien importantes

1) Antes de asistir a clases: Horas de estudio independiente, antes de ir a clases el participante deberá explorar el tema para familiarizarse con la teoría (conceptos, definiciones, fórmulas, características) para lo cual usará textos, páginas web, guías

2) Durante la clase: Horas de clase atendidas (presenciales o virtuales); atenderá la explicación y, la actividad realizada antes, le permitirá participar y/o aclarar dudas; a la vez que puede destacar y copiar datos importantes para la comprensión de los saberes. 3) Después de la clase: Horas de Trabajo en grupo, deberá recapitular e iniciar la fijación del conocimiento asistido por los compañeros que formen su grupo de estudio, los preparadores o los asesores., repasando periódicamente los saberes para su fijación.

La autora

SEMBLANZA DE LA AUTORA

La profesora Scarlet C. Rueda M. es egresada, en la especialidad de Matemática, del Instituto Universitario

Pedagógico Experimental "Rafael Alberto Escobar Lara" ubicado en la ciudad de Maracay. Estado Aragua. Venezuela.

Ha incursionado en la docencia desde el subsistema de pre escolar hasta educación superior, incluyendo educación especial. Entre los institutos donde ha desempeñado su labor se cuentan:

I.E.E Pre-escolar de Audición y Lenguaje. "Maracay".
C.P.A.P.E.P "La Candelaria".
E.B "Simón Bolívar" C.B.C "Cruz Verde"
C.B "Magdaleno"
U.B.E "José Rafael Revenga"
ESCUBAFAN
UBA
IUPFAN
IUPE" RAFAEL ALBERTO ESCOBAR LARA"
INCE-EPA
UNEFA. IUTELV. Maracay. Entre otros...

Ha publicado otras obras certificadas tales como:
ALGEBRA LINEAL
FISICA BÁSICA
MANUAL PRACTICO DE PLANIFICACIÓN EL AULA PROYECTO PEDAGOGICO. CONTROL ADMINISTRATIVO.
El AULA: MANUAL PARA EL TRABAJO PRÁCTICO DEL DOCENTE ADAPTADO AL NUEVO CURRICULO BASICO NACIONAL. Entre otras.

"**Cuando se puede medir aquello que se había expresado en números, se sabe algo acerca de ello,**

pero nuestro saber es insuficiente e insatisfactorio mientras no somos capaces de expresarlo en números, lo otro puede significar el comienzo del conocimiento, pero nuestros conceptos apenas habrán avanzado en el camino de la ciencia y esto cualquiera sea el tema de que se trate"
LORD   KELVIN

TEMA I:

MAGNITUDES Y UNIDADES FISICAS

El Universo ha sido estudiado por el hombre durante años, en la búsqueda de la comprensión y/o explicación de tantos fenómenos naturales que lo rodean, y el enfoque más preciso y convincente es el estudio físico pues está basado en medidas que pueden ser verificadas, es así como resulta tan interesante e importante el conocer y aprender sobre las magnitudes físicas, su clasificación, las formas de interpretarlas y expresarlas.

El mundo que nos rodea está inundado de magnitudes es decir de elementos y/o fenómenos con características medibles.

En virtud de lo anterior resulta importante conocer las medidas y unidades físicas para ofrecer u obtener su valor e interpretación.

I.1) MAGNITUDES FISICAS

El estudio físico de todos los objetos está basado en la observación y la experimentación, lo primero que se hace en el estudio de un fenómeno es caracterizarlo cualitativamente, pero la interpretación quedaría incompleta a menos que se dé lugar a la interpretación cuantitativa: Para obtener esta última se requiere de la medición.

MEDIR es comparar una magnitud con otra de la misma especie llamada UNIDAD¨

Magnitud es toda característica medible.

Se clasifican según su origen; Magnitudes fundamentales y magnitudes derivadas

FUNDAMENTALES:

No se generan de otras se definen a partir de sí mismas hay siete que son; longitud, masa, tiempo, intensidad de corriente, temperatura y cantidad de sustancia.

DERIVADAS;

Se generan a partir de las fundamentales; por ejemplo, la velocidad que es espacio recorrido por unidad de tiempo esta generada por la longitud y el tiempo.
Según la forma de medir se clasifican en Magnitudes escalares y Magnitudes vectoriales

ESCALARES quedan perfectamente medidas solo con indicar su módulo.

VECTORIALES su medida implica el modulo, la dirección y el sentido. (Más información en el tema III)

I.2) SISTEMAS DE UNIDADES

Cada conjunto de saberes o campo bien estructurado tiene sus propias unidades que se usan con frecuencia, por ejemplo, el ampere, el ohmio, el coulomb, el joule son unidades de uso en el área de electricidad.

Para describir y caracterizar los fenómenos, los científicos deben estar de acuerdo en un conjunto consistente de unidades con el cual se comparen las mediciones de masas, longitudes, velocidades, tiempos, intensidades de corriente, voltajes, etc.

En el desarrollo histórico de la ciencia se usaron "diferentes sistemas de unidades" en diferentes países y ellos mismos cambian según la profesión. Genera un poco de confusión el hecho que ciertas cantidades físicas no son independientes como por ejemplo la fuerza de atracción o repulsión entre cargas y la velocidad de un electrón, sino al contrario están relacionadas con otras, su valor depende del valor de las otras. Podemos destacar esta relación entre magnitudes (fundamentales y derivadas) y unidades respectivas en la siguiente tabla (TABLA n° 1.1).

TABLA N° 1.1

MAGNITUDES Y UNIDADES

MAGNITUDES	UNIDADES FISICAS

Fundamentales	Derivadas	MKS	CGS	Ingles	Tecnico	
Longitud		Metro (m)	Centí Metro (cm)	Pie	Km	Milla
Masa		Kilogramo (Kg)	Gramo (gr)	Slug	Tonelada	
Tiempo		Segundo (s)	Segundo (s)	Segundo (s)	Hora (h)	Minuto
Temperatura		Kelvin (K)			Centigrado (°C)	Farenheit (°F)
Cantidad de Sustancia		Mol				
Intensidad Luminosa		Candela				
Intensidad de corriente Eléctrica		Amperio (A)				
Radiación		Rongten				

Serie Jelu-Ruemar. Profesora Scarlet C. Rueda M

	Velocidad	m/s	cm/s	Pie/s	Km/s
	Aceleración	m/s²	cm/s²	Pie/s²	
	Fuerza	Kg.m/s²	gr.cm/s²	Slug.pie/s²	Kilogramo fuerza (Kg-f)
	Energía	Kg.m²/s²	gr.cm²/s²	British Thermal Unit.(B.T.U)	Calorías (cal)	KWH
	Potencia				Horse power (**HP**)	Kilovatios (Kw
	Área	m²	cm²	pie²	Hect área (Hect)
	Volumen	m³	cm³	pie³	Litro (lt)
	Densidad			Slug/pie³	
	Carga eléctrica	coul			
	Capacitancia	Faradios			
	Inductancia	Henrios			

Cada Magnitud Física es factible de expresarse en varias Unidades Físicas, lo que nos lleva al concepto de "CONVERSION", es decir el proceso mediante el cual podemos expresar una Unidad de un sistema a otro o en el mismo sistema a un múltiplo o sub múltiplo de las unidades, (tablas 1.2 y 1.3)

TABLA N°1.2. PREFIJOS USADOS PARA LOS MÚLTIPLOS Y SUBMÚLTIPLOS

	Prefijo	Símbolo	valor	notacion científica
MULTIPLOS	deca	d-da	10	$nx10^1$
	hecto	h	100	$nx10^2$
	kilo	k	1.000	$nx10^3$
	mega	m	1.000.000	$nx10^6$
	giga	g	1.000.000.000	$nx10^9$
	tera	t	1.000.000.000.000	$nx10^{12}$
	peta	p	1.000.000.000.000.000	$nx10^{15}$
	exa	e	1.000.000.000.000.000.000	$nx10^{18}$
SUB MUL	deci	d	0,1	$nx10^{-1}$
	centi	c	0,01	$nx10^{-2}$

TIPLOS	mili	m	0,001	$n\times 10^{-3}$
	micro	μ	0,000001	$n\times 10^{-6}$
	nano	n	0,000000001	$n\times 10^{-9}$
	pico	p	0,000000000001	$n\times 10^{-12}$
	femto	f	0,000000000000001	$n\times 10^{-15}$
	atto	a	0,000000000000000001	$n\times 10^{-18}$

TABLA N° 1.3   USO DE LOS PPREFIJOS

prefijo	unidades	forma	relación
kilo	metro	kilometro	1km-----10^3 m
kilo	litro	kilolitro	1kl--------10^3 l
kilo	gramo	kilogramo	1kg-------10^3 g
kilo	hertz	kilohertz	1khz----10^3 hz
kilo	caloria	kilocaloria	1kcal---10^3 cal
micro	coul	microcoul	1μc-----10^{-6} c
micro	segundo	microsegundo	1μs------10^{-6} s
micro	metro	micrometro	1μm--- 10^{-6} m
micro	faradio	microfaradio	1μf-------10^{-6} f
micro	joule	microjoule	1μj------10^{-6} j
micro	gramo	microgramo	1μg----- 10^{-6} g
micro	ampere	microampere	1μa-----10^{-6} a
mega	vatio	megavatio	1mv------10^6 v
mega	ohm	megaohm	1mω-----10^6 ω
mega	hertz	megahertz	1mhz---10^6 hz
mega	byte	megabyte	1mb-----10^6 b
pico	faradio	picofaradio	1pf-----10^{-12} f
pico	segundo	picosegundo	1ps---- 10^{-12} s
pico	coul	picocoul	1pc----10^{-12} c
mili	gramo	miligramo	1mg---- 10^{-3} g

Serie Jelu-Ruemar. Profesora Scarlet C. Rueda M

mili	litro	milimetro	1ml----- 10^{-3} l
mili	metro	milimetro	1mm-- 10^{-3} m
deca	metro	decametro	1dm------10 m
deca	litro	decalitro	1dl----------10 l
giga	byte	gigabyte	1gb------- 10^9 b

I.3) CONVERSIÓN DE UNIDADES

El proceso de conversión consiste en:

1) Seleccionar el FACTOR DE CONVERSION, los cuales son los valores obtenidos (números fraccionarios) que surgen de la relación entre las diferentes unidades (observable en la tercera columna de la tabla 1. 3), según la conveniencia

2) Construir una ecuación de conversión

3) Resolver la ecuación obtenida.

Veamos cómo se aplica el algoritmo descrito a través de algunos ejemplos:

    a) Si das un paseo en bicicleta y recorres 5,4 km ¿Cuántos metros has recorrido?

Extraer datos

d= 5,4 Km

Seleccionar la relación que generara el factor de conversión

1Km-----1000m

Plantear y resolver la ecuación de conversión

5,4km x $\dfrac{1000\ m}{1\ km}$=5400 m

Dar respuesta

He recorrido 5400 m

b) La aceleración de un electrón, que se mueve en un campo magnético es 3,0 m/s^2, para expresar esta aceleración en el sistema CGS se procede de la siguiente manera:

Extraer los datos

a=3,0 m/s^2

Identificar la unidad de aceleración que se usa en el sistema CGS

La unidad de aceleración que se usa en el sistema CGS es cm/s^2. Por lo tanto se debe transformar los m en cm.

Se selecciona como factor de conversión la relación más conveniente entre las unidades identificadas

1m------100cm

Se plantea y resuelve la ecuación de conversión a partir de:

1m...100cm

3,0 m/s^2 ...?

$$3,0 \text{ m/}s^2 \text{ x.} \frac{100cm}{1m} = 3,0 \text{ x} 10^2 \text{ cm/}s^2$$

E) Dar respuesta al planteamiento inicial

La aceleración del electrón dada en el sistema MKS por

a=3,0 m/s^2 en el sistema CGS es a=3,0 x 10^2 cm/s^2

c) Una onda sinusoidal electromagnética plana tiene una longitud de

7,50 m. Expresar la longitud de la onda en μ m.

Extraer los datos

λ=7,50 m.

Identificar la relación entre la unidad de longitud dada y el sub múltiplo en la que se va a expresar la medida

1 μ m......10^{-9} m

Se establece y resuelve la ecuación de conversión

$$7.50 \text{ mx} \frac{10^{-9} \mu \text{ m}}{1m} = 7.50 \text{ x } 10^{-9} \text{ μ m}$$

Dar respuesta al planteamiento

La longitud de la onda sinusoidal electromagnética

plana de longitud $\lambda=7.50$ m. dada en metros es en micrómetros $\lambda=7.50 \times 10^{-9}$ μ m

d) La unidad de carga más pequeña conocida en la naturaleza es la carga de un protón, cuya magnitud es de $1,60219 \times 10^{-19}$ c exprésela en pico coul.

Datos

$q=1,60219 \times 10^{-19}$ c

Identificación de la relación entre la unidad dada y el submúltiplo en el que se va a expresar

1pc------- 10^{-12} c

Se plantea y resuelve la ecuación de conversión.

$1,60219 \times 10^{-19} x \frac{1pc}{10^{-12} c}=1,60219 \times 10^{-7}$ pc

Respuesta

La unidad de carga de magnitud $q=1,60219 \times$ es equivalente a

$q=1,60219 \times 10^{-7}$ pc

e) Un circuito RLC en serie recibe una potencia promedio de 8,13 w, expresarlo en términos del múltiplo MEGA.

Datos

P=8,13 w

Relación.

1Mw------ 10^6w

Ecuación de conversión, solución

8,13 w.$\frac{1Mw}{10^6 w}$ =8,13 x 10^{-6} Mw

Respuesta

Para el circuito RLC en serie se ha entregado una potencia promedio de 8,13 w, que es equivalente a 8,13 x 10^{-6} Mw.

f) Si la humanidad ha existido desde hace unos 106 años y el universo alrededor de 1010 años de edad. ¿Cuántos segundos hace que existe la humanidad? Si se tomase la edad del universo como equivalente a un día.

Extraer los datos

Edad de la Humanidad= 106 años

Edad del Universo = 10101 años considerando equivalente a un día

Identificar en que unidades se debe expresar el resultado.

La edad de la humanidad debe expresarse en segundos, por ende, se deben transformar los años en segundos.

Selección de las relaciones que generarán los factores

de conversión

1h------3.600 s

1 día----24 h

Plantear y resolver la ecuación de conversión.

106 años $\text{x}\frac{1\ dia}{1010\ año} . \text{x}\frac{24h}{1\ dia} . \text{x}\frac{3600s}{1h} . = 9.067$ s

Respuesta

La humanidad ha existido desde hace 9.067 s

Nota: observa que el factor de conversión es una fracción cuyo denominador es el valor que contiene como unidad la que se desea simplificar para que quede la unidad a la que se quiere llegar.

ASIGNACION:

A continuación, se propone un glosario de términos, los cuales deberá aprender para la optimización de la adquisición de los saberes

TABLA N°1.4. GLOSARIO

MAGNITUD O UNIDAD FISICA	DEFINICION O CONCEPTO
ACELERACIÓN	Magnitud vectorial que nos indica el cambio de velocidad por unidad de tiempo
AMPERE	Es la unidad física del flujo de carga eléctrica por unidad de tiempo (Intensidad de corriente) que recorre un material

ÁREA	Magnitud que representa la medida de la extensión de una superficie
CALORÍAS (CAL)	Unidad física de energía del ya en desuso Sistema Técnico de Unidades, basada en el calor específico del agua
CANDELA (CD)	Unidad física definida como la intensidad luminosa en una dirección dada, de una fuente que emite una radiación monocromática de frecuencia 540×10^{12} hercios y de la cual la intensidad radiada en esa dirección es 1/683 W vatios por estereorradián.
CANTIDAD DE SUSTANCIA	Magnitud fundamental que es proporcional al número de entidades elementales presentes. La constante de proporcionalidad depende de la unidad elegida para la cantidad de sustancia; sin embargo, una vez hecha esta elección, la constante es la misma para todos los tipos posibles de entidades elementales.[1] La identidad de las "entidades elementales" depende del contexto y debe indicarse; por lo general estas entidades son: átomos, moléculas, iones, o partículas elementales como los electrones.
CAPACITANCIA	Magnitud derivada de carácter escalar que mide que expresa la medida de la Reactancia induciva o capacitiva, en electromagnetismo y electrónica, la capacitancia[1] o capacidad eléctrica se define como la propiedad que tienen los cuerpos

	para mantener una carga eléctrica. La capacitancia también es una medida de la cantidad de energía eléctrica almacenada para una diferencia de potencial eléctrico dada. La relación entre la diferencia de potencial (o tensión) existente entre las placas del condensador y la carga eléctrica almacenada en éste
CARGA ELÉCTRICA	Magnitud que representa una propiedad física intrínseca de algunas partículas subatómicas que se manifiesta mediante fuerzas de atracción y repulsión entre ellas
CENTIGRADO (°C)	Nombre común de la unidad termométrica que corresponde a la centésima parte entre el punto de fusión del agua y el punto de su ebullición en la escala que fija el valor de cero grados para la fusión y cien para la ebullición
COULOMBIO (COUL)	Unidad de medida derivada del Sistema Internacional de Unidades para la magnitud física cantidad de electricidad o carga eléctrica. Se define como la cantidad de carga desplazada por una corriente de un amperio en el tiempo de un segundo
DENSIDAD	Magnitud escalar referida a la cantidad de masa contenida en un determinado volumen de una sustancia.
DINA	Unidad física en el sistema CGS de la fuerza que aplicada a una masa de un gramo le comunica una aceleración de un centímetro en cada segundo al cuadrado o gal.[1]

ENERGÍA	Magnitud física que se define como la capacidad para realizar un trabajo
ERGIO	Unidad de medida de energía en el sistema de unidades CGS (centímetro-gramo-segundo), su símbolo es erg. Se trata de una unidad utilizada principalmente en Estados Unidos y en algunos campos de ingeniería. Sin embargo, se considera anticuada, en el sentido que las medidas usadas en décadas recientes incluyendo el SI están orientadas a sistemas MKS (metro-kilogramo-segundo). La unidad de energía usada en el SI es el julio.
FUERZA	Magnitud física que mide la intensidad del intercambio de momento lineal entre dos partículas o sistemas de partículas. Todo agente capaz de modificar la cantidad de movimiento o la forma de los materiales.
HECTÁREA (HECT)	Unidad física conocida también como **hectómetro cuadrado** o **hm²** es la superficie que ocupa un cuadrado de un hectómetro de lado, totalizando con ello una superficie de 100 m x 100 m = 10 000 m²
HORSEPOWER (HP)	Caballo de fuerza o Caballo de potencia, unidad física de potencia en el sistema ingles
INDUCTANCIA	Magnitud fundamental que expresa la medida de la reactancia inductiva, es una medida de la oposición a un cambio de corriente de un inductor o bobina que

	almacena energía en presencia de un campo magnético, y se define como la relación entre el flujo magnético () y la intensidad de corriente eléctrica () que circula por la bobina y el número de vueltas (N) del devanado
IMPEDANCIA	Es una magnitud derivada que establece la relación (cociente) entre la tensión y la intensidad de corriente. Tiene especial importancia si la corriente varía en el tiempo, en cuyo caso, ésta, el voltaje y la propia impedancia se describen con números complejos o funciones del análisis armónico. Su módulo (a veces inadecuadamente llamado impedancia) establece la relación entre los valores máximos o los valores eficaces del voltaje y de la corriente. La parte real de la impedancia es la resistencia y su parte imaginaria es la reactancia. En general La impedancia (Z) es la oposición (Resistencia,Reactancia inductiva,Reactancia capacitiva) al paso de la corriente alterna.
INTENSIDAD LUMINOSA	Magnitud física que se define como la cantidad de flujo luminoso que emite una fuente por unidad de ángulo sólido
JOULE	Unidad del Sistema Internacional de Unidades para energía en forma de calor (Q) y trabajo (W). Por lo que se define como: La energía cinética (movimiento) de un cuerpo con una masa de un kilogramo, que se

	mueve con una velocidad de un metro por segundo (m/s) en el vacío. El trabajo necesario para mover una carga eléctrica de un culombio a través de una tensión (diferencia de potencial) de un voltio. Es decir, un voltio-columbio (V·C). Esta relación puede ser utilizada, a su vez, para definir la unidad voltio. El trabajo necesario para producir un vatio (watt) de potencia durante un segundo. Es decir, un vatio-segundo (W·s). Esta relación puede además ser utilizada para definir el vatio. Puede utilizarse para medir calor, el cual es energía cinética (movimiento en forma de vibraciones) a escala atómica y molecular de un cuerpo.
KELVIN (K)	Unidad física de temperatura de la escala sobre la base del grado Celsius
KILOGRAMO FUERZA (KG-F)	Un kilogramo-fuerza o **kilopondio**, es una unidad física definida como la fuerza ejercida sobre una masa de 1 kg masa (según se define en el Sistema Técnico Internacional) por la gravedad estándar en la superficie terrestre.
LITRO (LT)	Unidad física de volumen equivalente a un decímetro cúbico (1 dm³). Su uso es aceptado en el Sistema Internacional de Unidades (SI), aunque ya no pertenece estrictamente a él.

LONGITUD	Magnitud física que expresa la distancia entre dos puntos o cada una de las dimensiones de un cuerpo
MASA	Magnitud física que representa la medida de la cantidad de materia que posee un cuerpo.
METRO (M)	Unidad física fundamental en el sistema M.K.S. La 11.ª Conferencia de Pesos y Medidas adoptó una nueva definición del metro: *1. 650. 763,73 veces la longitud de onda en el vacío de la radiación naranja del átomo del criptón 86.* La precisión era cincuenta veces superior a la del patrón de 1889.
MOL	Unidad física con que se mide la cantidad de sustancia, una de las siete magnitudes físicas fundamentales.
NEWTOM	Unidad física derivada en el sistema M.K.S definida como la Fuerza necesaria para proporcionar una aceleración de 1 m/s^2 a un objeto de 1 kg de masa.
OHMIO	Unidad física derivada de la magnitud Resistencia Eléctrica en el Sistema Internacional de Unidades.
POTENCIA	Cantidad de trabajo efectuado por unidad de tiempo.
RADIACIÓN	Consiste en la propagación de energía en forma de ondas electromagnéticas o partículas subatómicas a través del vacío o de un medio material.
RONGTEN	Antigua unidad utilizada para

Serie Jelu-Ruemar. Profesora Scarlet C. Rueda M

	medir el efecto de las radiaciones ionizantes. Se utiliza para cuantificar la exposición radiométrica,
SEGUNDO (S)	Unidad fundamental o básica de tiempo, en el Sistema Internacional de Unidades, el Sistema Cegesimal de Unidades y el Sistema Técnico de Unidades. es la duración de 9 192 631 770 oscilaciones de la radiación emitida en la transición entre los dos niveles hiperfinos del estado fundamental del isótopo 133 del átomo de cesio (^{133}Cs), a una temperatura de 0 K.[1]
TEMPERATURA	Magnitud escalar relacionada con la energía interna de un sistema termodinámico, definida por el principio cero de la termodinámica
TIEMPO	Magnitud escalar con la que medimos la duración o separación de acontecimientos, sujetos a cambio, de los sistemas sujetos a observación.
TONELADA	Deriva de tonel Designa una unidad física de medida de masa en el Sistema Métrico Decimal y actualmente en el Sistema Internacional de Unidades (SI). Su símbolo es t.
VELOCIDAD	Magnitud derivada de carácter vectorial que expresa el desplazamiento de un objeto
VOLUMEN	Magnitud derivada de carácter escalar definida como el espacio

	ocupado por un objeto

"LA NECESIDAD DE DEJAR SOLA UNA VARIABLE O INCOGNITA A UN LADO DE UNA IGUALDAD ES UNA SITUACION MUY COMUN PARA EL QUE USA FORMULAS Y SON LOS POSTULADOS FUNDAMENTALES DEL ALGEBRA LA HERRAMIENTA INDISPENSABLE QUE LE AUXILIARA EN ESOS CASOS"

SCRM.

TEMA II: DESPEJES DE MAGNITUDES Y UNIDADES (INCOGNITAS)

Serie Jelu-Ruemar. Profesora Scarlet C. Rueda M

$t = I/Q$ $\qquad R = \dfrac{V}{I} \qquad V = R.I$

$n = Kg.m/s^2 \qquad\qquad P = m.g$

$1\,faradio = \dfrac{s^4.A^2}{m^2.Kg}$

$Ax + B = C \qquad x = (C-B)/A \qquad Q = I/t$

DESPEJAR:

Es expresar un símbolo literal de valor numérico desconocido (incógnita) como una variable dependiente de toda la expresión es decir en función de otras variables, llámense magnitudes o unidades que formen una ecuación, una formula ,una función o una relación, como dicen coloquialmente despejar es dejar la incógnita sola de un lado de la igualdad.

Este proceso es posible gracias a los conceptos de elementos neutros (cero y uno, de la operación adición y multiplicación respectivamente) que se pueden generar en cualquier igualdad gracias a los postulados fundamentales del algebra que en general indican que, si adicionamos, sustraemos, multiplicamos o dividimos ambos lados de una igualdad por un mismo símbolo (numérico o literal), la igualdad no cambia. De manera práctica esto es:

- Si una magnitud a es igual a una magnitud b aumentada en tres unidades, entonces qué relación tiene b en función de a.

  a = b+3 →

  a-3=b+3-3 adicionamos el opuesto de 3 a ambos lados para dejar sola a b ya que 3-3=0 que es el neutro de la adición

  a-3=b tenemos a b despejada lo que es lo mismo por conmutatividad de la igualdad, escribir b=a-3

- Si una magnitud a es el triple de una magnitud b entonces que expresión representa a la magnitud b en función de la magnitud a

  a = 3b→ a/3=3b/3 dividimos ambos lados por tres para generar al neutro de la multiplicación ya que 3 es factor de la incógnita, y como 3/3=1 tenemos que a/3=b→ b=a/3.

Partiendo de este proceso matemático generalizamos y el despejar una magnitud o unidad consiste en dejar sola la incógnita transponiendo los símbolos literales o numéricos que le acompañen para el otro lado de la igualdad. De tal forma que al transponerlos de un miembro de la igualdad al otro se relacionaran mediante

- Si $F = K \cdot \dfrac{q_1 \cdot q_2}{r_{1,2}^2}$ y necesitamos calcular el valor numérico de r entonces procedemos a despejarla. Así:

Transponemos a r al primer término de la igualdad y como es un divisor se transpone como un factor, esto es

$F \cdot r_{1,2}^2 = k \cdot q_1 \cdot q_2$

y como F ahora es factor de lo trasponemos al segundo miembro como divisor y obtenemos

$r_{1,2}^2 = k \cdot F \cdot q_1 \cdot q_2$

Pero ahora se tiene despejada es a $r_{1,2}^2$ y queremos despejar a r por tanto aplicamos operación inversa de la potenciación que es la radicación, de tal forma que el exponente será el índice de la raíz pues así es posible la simplificación del exponente; ya que al dividir el exponente entre el índice de la raíz, siendo iguales, se genera como exponente para r el uno y toda potencia de exponente uno es igual a su base. Esto es:

$\sqrt{r_{1,2}^2} = \sqrt{k \cdot F \cdot q_1 \cdot q_2}$ → $r = \sqrt{k \cdot F \cdot q_1 \cdot q_2}$ tenemos a r despejada.

- En la ecuación F=m.g despejemos a g

Como m es factor la trasponemos como divisor $\dfrac{F}{m} = g$

Lo que indica que $g = \dfrac{F}{m}$

3) La unidad derivada Joule se define por la relación

$1J = \dfrac{Kg.m^2}{s^2}$ despejar Kg.

$1J = \dfrac{Kg.m^2}{s^2} \rightarrow 1j.\, s^2 = Kg.m^2 \rightarrow \dfrac{1j.s^2}{m^2} = Kg \therefore Kg = \dfrac{1j.s^2}{m^2}$

Práctica lo entendido para verificar lo aprendido y fijar el conocimiento adquirido, resolviendo los planteamientos siguientes:

- Despeja la aceleración en la formula $F = m.a$
- Despeja a g de la expresión $h = g.\dfrac{t^2}{2}$
- Despeja a V en la ecuación $E = mgh + \dfrac{mv^2}{2}$
- El nivel de energía de un cuerpo está definido por $E = mgh + \dfrac{mv^2}{2}$

  Obtenga la expresión para calcular el valor de h.
- El desplazamiento de un cuerpo en caída libre está representado simbólicamente por $h = v_o \cdot t + \dfrac{g.t^2}{2}$. Despeje la velocidad inicial.
- La fuerza de atracción gravitacional entre dos cuerpos está representada por la formula $F = G.\dfrac{m_1.m_2}{d^2}$, despeje a d
- La unidad física de la magnitud fuerza, en el sistema C.G.S es la dina y está representada por la ecuación $1D = gr.cm/s^2$ Despejar la unidad física del tiempo.
- Para cada una de las formulas dadas en la tabla 2.1 realiza el despeje de cada magnitud que conforma a cada una.

Serie Jelu-Ruemar. Profesora Scarlet C. Rueda M

TABLA 2.1

Nombre de la ley o relación	Formula	Nombres de las magnitudes
ley de coulomb	$f = k \cdot \dfrac{q_1 \cdot q_2}{d^2}$	f; fuerza eléctrica entre dos cargas k; constante q; cargas eléctricas r; espacio de separación entre las cargas
ley de la masa o 2da ley de Newton	$f = m \cdot a$	f; fuerza m; masa p: peso g: aceleración de gravedad
velocidad de un cuerpo con movimiento rectilíneo uniformemente variado y trayectoria horizontal	$v_f - v_o = a \cdot t$	v_o; velocidad inicial v_f; velocidad final a; aceleración t ; tiempo
altura a la que se encuentra un cuerpo con movimiento ascendente (l.a)	$h = v_o \cdot t - g \dfrac{t^2}{2}$	h; espacio recorrido (posición vertical) ; velocidad inicial t; tiempo g; aceleración de gravedad
energía mecánica	$e = mgh + \dfrac{mv^2}{2}$	e; energía mecánica m; masa g; aceleración de gravedad h; altura v ; velocidad
ley de gravitación universal	$f = g \cdot \dfrac{m_1 \cdot m_2}{d^2}$	f; fuerza de interacción entre dos cuerpos g; constante gravitacional m ; masa de los cuerpos

Serie Jelu-Ruemar. Profesora Scarlet C. Rueda M

		d ;distancia de separación entre los cuerpos
ley de ohm	$R=\dfrac{V}{I}$	R; Resistencia V; Voltaje I; Intensidad de corriente eléctrica
ley de kepler	$L=m.v.r$	L; Momento angular m; masa del planeta v; su velocidad r; su distancia al centro del Sol.
capacidad de condensadores en serie	$\dfrac{1}{C_t}=\sum\dfrac{1}{C_i}$	C_t; Capacidad total C_i; condensadores conectados en serie
ley de boyle-mariotte	$V_1.P_1 = V_2.P_2$	V_1; Volumen inicial P_1; Presión inicial V_2; Volumen final P_2;Presión final
interes simple	I=C.i.t	I; Interés C; Capital I; taza de interés t; Periodo de tiempo
velocidad de un movil con movimiento rectilineo y uniforme	$V=\dfrac{d}{t}$	V; velocidad del móvil d; medida del espacio recorrido (distancia) t; tiempo empleado por el móvil en su recorrido

"LA FISICA ESTA ESCRITA EN LENGUA MATEMATICA Y SUS CARACTERES SON TRIANGULOS, CIRCULOS, Y OTRAS FIGURAS GEOMETRICAS. POR LO TANTO ES NECESARIO EMPEZAR POR ENTENDER ESTO."
Galileo Galilei

TEMA N° III.
REPRESENTACION DE MAGNITUDES VECTORIALES

↗   ↖   ↙   ↘

←   →

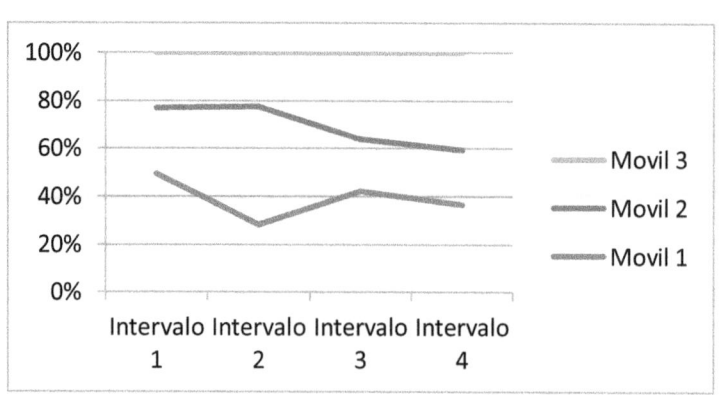

Serie Jelu-Ruemar. Profesora Scarlet C. Rueda M

III.1) MAGNITUDES FÍSICAS PERFECTAMENTE DEFINIDAS

En el tema n° I vimos como una Magnitud física requiere de la unidad de medida para quedar definida.

Por otra parte, expresiones como ¨ La fuerza que actuó sobre el móvil lo desplazó 20 metros, ¿pero hacia donde lo desplazo?,¿en qué dirección actuó la fuerza?

Análogamente al hacer referencia al campo magnético, surge la pregunta ¿hacia dónde?, ¿en qué dirección y sentido?

Estas situaciones nos llevan a confirmar que hay magnitudes físicas que quedan bien definidas solo con su medida (modulo) y unidad respectiva, mientras que otras no, pues requieren de más información para que quede perfectamente definida. En virtud de lo cual las magnitudes físicas se identifican como: Magnitudes escalares y Magnitudes Vectoriales, siendo estas últimas las que estudiaremos en el desarrollo de este tema ya que es importante conocer tanto las propiedades algebraicas como las propiedades geométricas de los vectores.

En la siguiente tabla se muestran algunas Magnitudes escalares y vectoriales.

TABLA 3.1

Magnitud escalar (modulo-unidad física)	Magnitud vectorial (modulo-unidad física-dirección-sentido)
temperatura	fuerza
masa	aceleración
tiempo	peso
longitud	cantidad de movimiento
rapidez	velocidad
distancia	desplazamiento
área	campo magnético
volumen	torque
densidad	presión
carga eléctrica	tensión
energía	intensidad luminosa
magnitudes tensoriales: son magnitudes vectoriales que caracterizan comportamientos físicos modelizable mediante un conjunto de números que cambian tensorialmente al elegir otro sistema de coordenadas asociado a un observador con diferente estado de movimiento o de orientación. tales como: el campo magnético, campo electrostático…	

III.2) SISTEMAS DE COORDENADAS Y MARCOS DE REFERENCIAS

Antes de iniciar el estudio de los vectores es necesario recordar saberes relativos a los sistemas de coordenadas y marcos de referencias.

En diversas situaciones relativa a los saberes propios de la física, se requiere de una forma u otra de ubicaciones en el espacio, por ejemplo, la descripción matemática del movimiento de un electrón que entra en un campo magnético, requerirá de un método que, para describir la posición del electrón, que no es más que describir la posición de un punto, esto es posible en un sistema de coordenadas, de donde afirmamos que:

Un punto sobre una recta se puede describir mediante una coordenada (sistema unidimensional)

Un punto en el plano se localiza con dos coordenadas (Sistema bidimensional) y

Un punto en el espacio requiere de tres coordenadas para su ubicación (sistema tridimensional).

MARCOS DE REFERENCIA

Es un sistema de coordenadas (unidimensional, bidimensional o tridimensional) que se emplea para ubicar puntos consta de:
- Un punto fijo de referencia llamado Origen
- Un conjunto de ejes o direcciones especificadas
- Instrucciones que indiquen como ubicar el punto en el plano o en el espacio con relación al origen de coordenadas y los ejes del sistema.

RECTA EUCLIDEA

Es la recta numérica real o recta de coordenadas es una representación geométrica del conjunto de los números reales. Tiene su origen en el cero, y se extiende en ambas direcciones, los positivos en un sentido (normalmente hacia la derecha) y los negativos en el otro (normalmente a la izquierda). Existe una correspondencia uno a uno entre cada punto de la recta y un número real. Se usa el símbolo R para este conjunto.

Este sistema de coordenadas es un espacio vectorial de dimensión uno, y se le pueden aplicar todas las operaciones correspondientes a espacios vectoriales. También se le llama recta real

Se construye como sigue: se elige de manera arbitraria un punto de una línea recta para que represente el cero o punto origen. Se elige un punto a una distancia adecuada a la derecha del origen para que represente al número 1. Esto establece la escala de la recta numérica.

Un punto en un sistema unidimensional se representa según la figura.

Figura 3.1

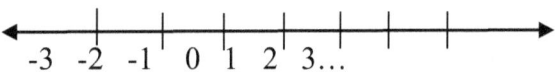

En resumen: Un punto cualquiera de una recta puede asociarse y representarse con un número real, positivo si está situado a la derecha de un punto O, y negativo si está a la izquierda. Dicho punto se llama origen de coordenadas O (letra O) y se asocia al valor 0 (cero).

Corresponde a la dimensión uno, que se representa con el eje X, en el cual se define un origen de coordenadas, simbolizado con la letra O (O de *origen*) y un vector unitario en la dirección positiva de las x; $x_A i$

Un punto: A= x_A donde x_A es la coordenada en x del punto A

La distancia entre dos puntos A y B es: $d_{A,B} = |x_A - x_B|$ (3.1)

PLANO EUCLIDEO

Un sistema conveniente, que se usa con regularidad es el sistema de coordenadas cartesianas, también llamado sistema de coordenadas rectangulares (abscisas y ordenadas), que son equivalentes a otros sistemas de coordenadas (cilíndricas, esféricas, polares).

El plano euclideo es un sistema de referencia conformado por dos rectas perpendiculares que se cortan en el origen, cada punto del plano puede "nombrarse" mediante dos números: (x, y), que son las coordenadas del punto, llamadas *abscisa* y *ordenada*, respectivamente, que son las distancias ortogonales de dicho punto respecto a los ejes cartesianos. *La ecuación* del eje *x* es y = 0, y la del eje *y* es x = 0, rectas que se cortan en el origen O, cuyas coordenadas son, obviamente, (0, 0).

Se denomina también *eje de las abscisas* al eje x, y *eje de las ordenadas* al eje y. Los ejes dividen el espacio en cuatro cuadrantes en los que los signos de las coordenadas alternan de positivo a negativo tal como se indica en la figura 3.2

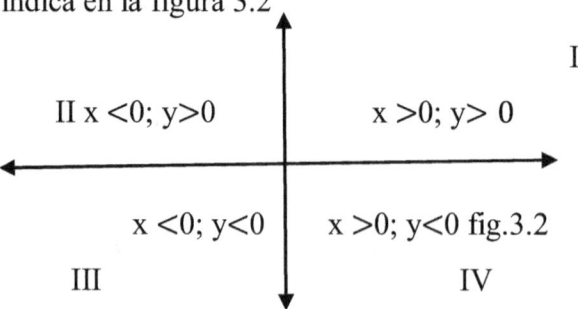

Las coordenadas de un punto cualquiera vendrán dadas por las proyecciones del segmento entre el origen y el punto sobre cada uno de los ejes.

Sobre cada uno de los ejes se definen vectores unitarios (i y j) como aquellos paralelos a los ejes y de módulo (longitud) la unidad. En forma vectorial, la posición de un punto A se define respecto del origen con las componentes del vector OA.

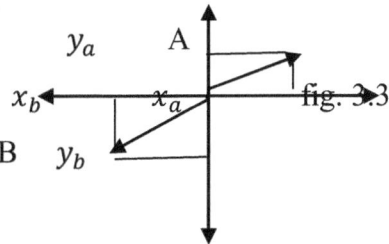

La posición del punto A será: A (x_a, y_a)

Nótese que las coordenadas pueden expresar tanto la posición de un punto como las componentes de un vector en notación de par ordenado.

La distancia entre dos puntos cualesquiera vendrá dada por la expresión:

$$|d_{A,B}| = \sqrt{(x_a - x_b)^2 + (y_a - y_b)^2} \qquad (3.2)$$

Un vector cualquiera AB se definirá restando, coordenada a coordenada, las del punto de origen de las del punto de destino

Evidentemente, el módulo del vector AB será la distancia d_{AB} entre los puntos A y B antes indicada.

ESPACIO EUCLIDEO

Si tenemos un sistema de referencia formado por tres rectas perpendiculares entre sí (X, Y, Z), que se cortan en el origen (0, 0, 0), cada punto del espacio puede *nombrarse* mediante tres números: (x, y, z), denominados *coordenadas del punto*, que son las distancias ortogonales a los tres planos principales: los que contienen las parejas de ejes YZ, XZ e YX, respectivamente.

Los planos de referencia XY ($z = 0$); XZ ($y = 0$); e YZ ($x = 0$) dividen el espacio en ocho cuadrantes en los que, como en el caso anterior, los signos de las coordenadas pueden ser positivos o negativos.

La generalización de las relaciones anteriores al caso espacial es inmediata considerando que ahora es necesaria una tercera coordenada (z) para definir la posición del punto.

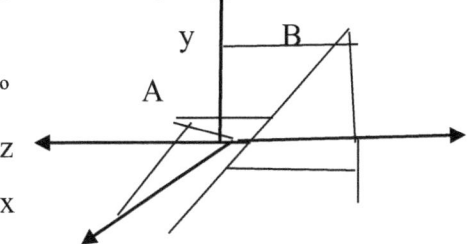

fig.3.4

Las coordenadas del punto **A** serán:(x_a, y_a, z_a) y el **B**: (x_b, y_b, z_b)

Nota: Las coordenadas se ubican en el plano con líneas paralelas así: Una paralela al eje x y una paralela a y que se cortan en un punto y este punto se proyecta con una paralela a z, dichas rectas se extienden hasta la ubicación de los respectivos valores

La distancia entre los puntos **A** y **B** será:

$$d_{A,B}=\sqrt{(x_a - x_b)^2 + (y_a - y_b)^2 + (z_a - z_b)^2}$$
(3.3)

III.3) VECTORES

Un vector es una representación de las magnitudes física que para quedar definidas requieren de la indicación de su magnitud, dirección y sentido, por ejemplo para la velocidad inicial de una carga eléctrica que llega a un campo ,debe señalarse tanto la rapidez (modulo),como la dirección y sentido de su movimiento, para la fuerza de interacción entre cargas eléctricas, pues se debe indicar la dirección y sentido (atracción o repulsión entre las cargas)

Otro ejemplo es el desplazamiento de un electrón, definido como el cambio en la posición del electrón.

Supongamos que el electrón se mueve desde un ponto O hasta un punto P, a lo largo de una **trayectoria recta**. Este desplazamiento se representa, trazando una línea recta desde O hasta P que termina en punta de flecha (vector) la cual indicara el sentido del desplazamiento del electrón, su inclinación respecto a un eje horizontal, su dirección. Y la longitud del vector es el modulo del desplazamiento. Si el electrón se mueve desde O hasta P con una **trayectoria curvilínea** como se muestra en la figura 3.5, su desplazamiento también estará definido por el vector $\overrightarrow{OP}$:es decir el vector desplazamiento a través de cualquier trayectoria indirecta desde el punto O hasta el punto P ,se define como el vector equivalente al desplazamiento correspondiente a la trayectoria directa desde el punto O hasta el punto P. Por lo tanto, se conoce por completo el desplazamiento del electrón si se conocen sus coordenadas iniciales y finales, no es necesario especificar la trayectoria, esto es el desplazamiento es independiente de la trayectoria.

Si el electrón se mueve desde una posición x_i hasta una posición x_f, tal como se muestra en la figura 3.6, el desplazamiento queda determinado por $x_f - x_i$

Para representar el cambio o variación de una magnitud se utiliza la letra griega delta (Δ), por lo tanto el cambio en la posición del electrón se escribe de la siguiente manera $\Delta x = x_f - x_i$ (3.4).

Además del desplazamiento existen otras cantidades que son vectores, vea tabla 3.1.

En contraposición al vector encontramos al escalar que son tipos de magnitudes que quedan perfectamente definidos solo con su valor numérico expresado con la correspondiente unidad física ,es decir representa magnitudes que solo requieren del módulo para su definición y no de la dirección ni el sentido. Algunos ejemplos de estas están indicados en la tabla 3.1. Para manipular las magnitudes escalares se utilizan las reglas de la aritmética, no ocurre lo mismo con las magnitudes vectoriales las cuales tienen una forma particular de manipularlos, tal como veremos a partir del siguiente punto a tratar

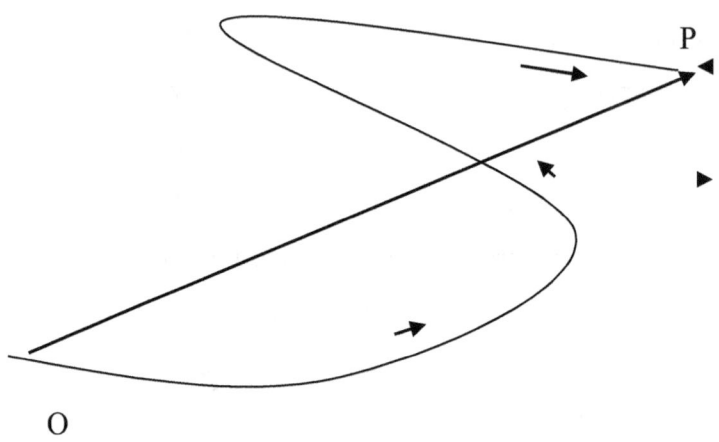

Figura 3.5

Conforme el electrón se mueve desde O hasta P a lo largo de la línea curva, su vector desplazamiento está representado por la línea recta terminada en punta de flecha, trazada desde O hasta P.

Figura 3.6

El electrón se mueve a lo largo del eje x desde x_i hasta x_f, experimenta un desplazamiento $\Delta x = x_f - x_i$

Dos vectores $\vec{A}$ y $\vec{B}$ se definen como iguales si tienen la misma magnitud, la misma dirección y sentido. Es decir sus medidas , sus direcciones y sentidos son iguales. Así todos los vectores de la figura 3.7 son iguales en puntos de partida diferentes. Esta propiedad permite trasladar un vector paralelo así mismo en un diagrama, sin afectarlo. De hecho, cualquier vector libre puede moverse paralelamente así mismo

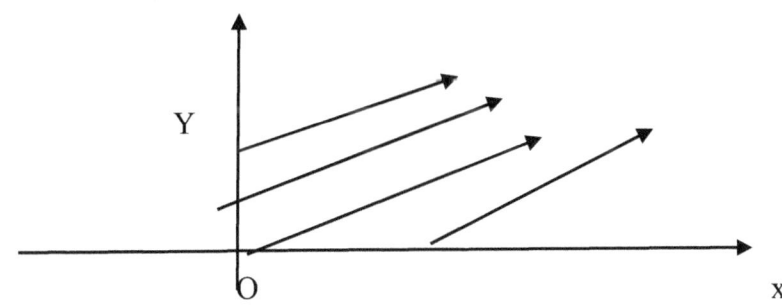

Figura 3.7

III.4) ADICION DE VECTORES.

Al adicionar dos o más vectores, estos deben representar la misma magnitud y estar expresados en la misma unidad física, es decir no podemos adicionar un vector velocidad con un vector desplazamiento, ni un vector campo eléctrico en unidad de faradio con un vector campo eléctrico en unidades de picofaradio, pues en estos casos la adición no está definida.

Las reglas para la adición de vectores se describen por métodos geométricos y/o por métodos analíticos. Para el uso del método geométrico se debe tener consideración del caso que se presente es decir los vectores pueden tener igual dirección y sentido, igual dirección sentidos opuestos, distinta dirección y sentidos y para cada situación hay procesos geométricos distintos.

Adición de vectores que tienen igual dirección, e igual sentido.

a. La dirección del vector suma será igual a la dirección de los vectores sumados.
b. El sentido del vector suma será igual al sentido de los vectores sumados.
c. El módulo de vector suma se obtiene adicionando los

módulos de los vectores sumados.

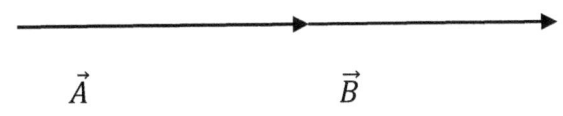

Figura 3.8

Como los vectores A y B tienen dirección horizontal el, vector suma $(\overrightarrow{A+B})$ tiene dirección horizontal.

Como los vectores A y B tienen sentido hacia la derecha, el vector suma tiene sentido hacia la derecha.

Como el módulo del vector A es de 10 N y el módulo del vector B es de 10 N, el módulo del vector suma $(\overrightarrow{A+B})$ es de módulo 20 N, esto es:

$\overrightarrow{A+B}$=10N+10N=20N

Adición de vectores que tienen igual dirección, pero sentido opuesto.

a. La dirección del vector suma será igual a la dirección de los vectores sumados.
b. El sentido del vector suma será igual al sentido del

mayor de los vectores sumados.

c. El módulo de vector suma se obtiene restando el mayor de los módulos de los vectores sumados menos el menor de los módulos.

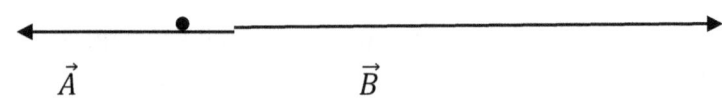

Figura 3.9

Como los vectores A y B tienen dirección horizontal el vector suma $(\overrightarrow{A + B})$, tiene dirección horizontal.

Como el vector B tiene sentido hacia la derecha y es el más grande de los dos vectores, el vector suma tiene sentido hacia la derecha.

Como el módulo del vector B es de 1000 N y
El módulo del vector A es de 800 N,
El módulo del vector suma $(\overrightarrow{A + B})$ es de 200 N.
En forma simbólica,
$\overrightarrow{A + B} = (\overrightarrow{A + (-B)}) = 1000N - 800N = 200N$

Adición de vectores que tienen diferente dirección.

a. Cuando se suman vectores de diferente dirección, los

vectores pueden:

    i.   formar un ángulo de 90°

    ii. formar un ángulo distinto a 90°

i. Si el ángulo que forman los vectores a sumar es de 90°, el módulo se obtiene usando el teorema de Pitágoras. La dirección y el sentido se obtienen dibujando un esquema y usando las relaciones trigonométricas seno, coseno y tangente.

Pasos para realizar el esquema:

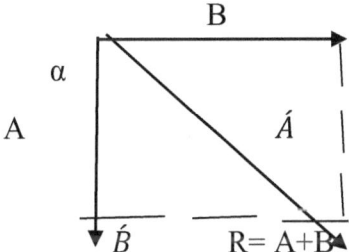

figura 3.10

Si los vectores A y B forman 90°, al dibujar el esquema para sumar los vectores se forman dos triángulos rectángulos (observa la figura 3.10). Uno de los triángulos tiene como catetos al vector B y a A', mientras que la hipotenusa es el vector suma (A+B). Observa que el vector A y cateto A' son exactamente iguales, también el vector B y el cateto B' son exactamente iguales.

Entonces según el teorema de Pitágoras, me quedaría:

$$Hip^2 = cat_1^2 + cat_2^2$$

Sustituyendo $(A+B)^2 = (B)^2 + (A')^2$ (3.10)

Recordemos que: Sen α = cat op/hip; cos α = cat ady/hip y

tang α = cat op/cat ady

Como seguimos trabajando con el triángulo que tiene como catetos al vector B y a A', como la hipotenusa es el vector suma y el ángulo marcado es α. Entonces el cateto adyacente es el vector B, el cateto opuesto es A', mientras que la hipotenusa es el vector suma, entonces:

Sen α = A'/R;   cos α = B/R;   y   tang α = A'/B

Si el ángulo que forman los vectores a sumar es distinto a 90°, (Figura 3.11) se utiliza el método geométrico.

    i.   Representa a escala los dos vectores a sumar.

    ii.   Tomo con el compás la medida del vector A y apoyado en la punta del vector B marco con el compás.

    iii.   Tomo con el compás la medida del vector B y apoyado en la punta del vector A marco con el compás.

    iv.   Uno con una línea el punto donde se

cruzan los vectores con el punto donde se cruzan las marcas del compás, y la punta del vector suma esta donde se cruzan las marcas del compás.

    v. El modulo del vector suma lo obtengo usando regla de tres ya que para hacer todo el trazado trabaje representando con una escala.

    vi. La dirección del vector suma, es el ángulo que hay entre la horizontal y el vector suma, mido ese ángulo con un semicírculo y encuentro la dirección

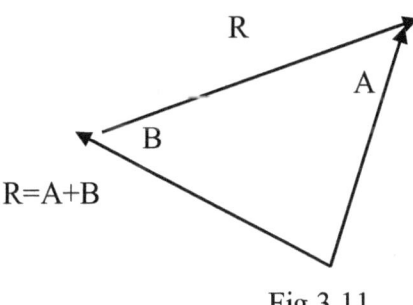

Fig.3.11

O por métodos tales como:

Método del paralelogramo

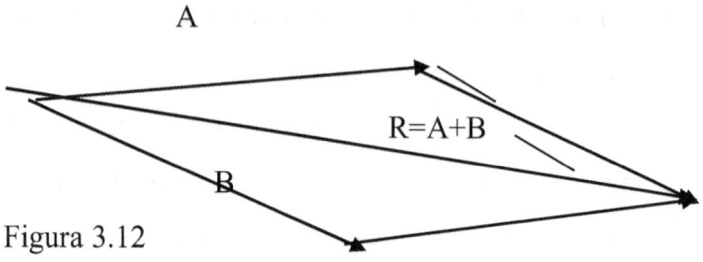

Figura 3.12

Método del paralelogramo.

Este método permite solamente sumar vectores de dos en dos. Consiste en disponer gráficamente los dos vectores de manera que los orígenes de ambos coincidan en un punto, trazando rectas paralelas a cada uno de los vectores, en el extremo del otro y de igual longitud, formando así un paralelogramo (ver figura 3.12). El vector resultado de la suma es la diagonal de dicho paralelogramo que parte del origen común de ambos vectores.

Método del triángulo o método poligonal.

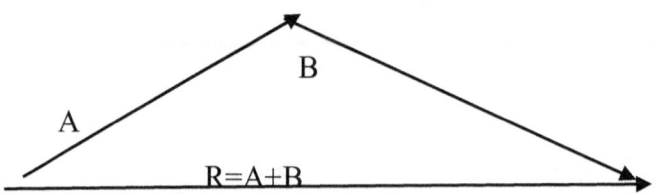

Figura 3.13

Método del triángulo.

Consiste en disponer gráficamente un vector a continuación de otro, ordenadamente: el origen de cada uno de los vectores coincidirá con el extremo del siguiente. El vector resultante es aquel cuyo origen coincide con el del primer vector y termina en el extremo del último. ver figura 3.13

Método analítico para la adición y sustracción de vectores, es decir para obtener al vector suma o al vector diferencia.

Hay situaciones en las que tenemos más de dos magnitudes coplanares, vectoriales, tal es el caso de un conjunto de fuerzas que actúan sobre un mismo cuerpo (figura 3.14); y en los cuales aplicar un método geométrico, aunque es factible, resulta un procedimiento largo y engorroso; en consecuencia, aplicamos un método analítico, el cual se fundamenta en las proyecciones de cada vector a lo largo de los ejes de un sistema de coordenadas. Estas proyecciones son conocidas como las componentes del vector.

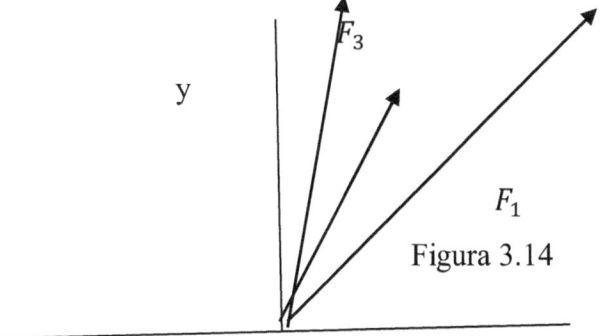

Figura 3.14

Componentes de un vector: Consideremos al vector ubicado en un plano xy formando un ángulo con el eje x positivo, tal como se observa en la figura 3.15. La proyección de F Sobre el eje y, se denomina componente y de F, mientras que su proyección sobre el eje x se denomina componente x de F.

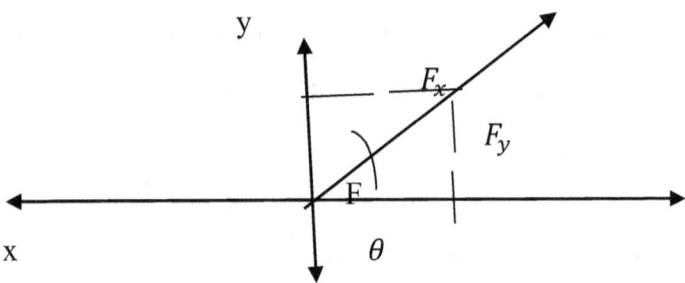

Figura 3.15

Cabe destacar que componentes de un vector no son vectores; su valor depende de la ubicación de sus coordenadas y pueden ser números positivos o negativos acompañados de las unidades respectivas. Al observar la figura 3.15 y utilizando las definiciones de las funciones trigonométricas seno y coseno de un ángulo se tiene que:

F_x=Fcosθ   y F_y=Fsenθ   (3.11)

Por tanto, las componentes del vector F serian

$\vec{F}=F_x + F_y$ por lo que

$\vec{F}=|F|\cos\theta + |F|\sen\theta$

Cualquier vector, en un plano xy, se puede describir completamente por sus componentes.

Estas componentes forman dos de los lados de un triángulo rectángulo cuya hipotenusa tiene una magnitud F, por ende, la magnitud de F y su dirección están relacionadas con sus componentes rectangulares mediante las expresiones:

$|\vec{F}| = \sqrt{F_x^2 + F_y^2}$ (3.12) Medida o módulo del vector F

$\text{Tan } \theta = \frac{F_y}{F_x} \rightarrow \theta = Tan^{-1} \frac{F_y}{F_x}$ (3.13) Dirección del vector F

"La medida del ángulo tita es la medida del ángulo cuya tangente es la razón entre las componentes rectangulares del vector"

III.5) VECTORES UNITARIOS:

Con frecuencia, las magnitudes vectoriales se expresan en términos de vectores unitarios. Un vector unitario es un vector sin dimensiones y de longitud igual a la unidad, se emplea para especificar una dirección dada. No tienen otro significado físico, solo se utilizan como medio conveniente para describir una dirección en

el espacio, usando los símbolos i, j, k. para representarlos los cuales apuntan en la dirección de x, y z, respectivamente, de manera tal que estos vectores unitarios son perpendiculares entre sí
(figura 3.16).y sus módulos serian $|i| = |j| = |k| = 1$

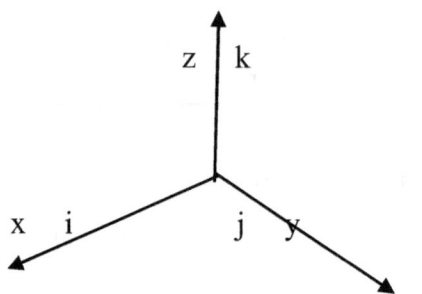

Fig.3.16

Así un vector A en términos de los vectores unitarios (fig.3.17) se expresaría

$\vec{A} = \vec{A}_x i + \vec{A}_y j$ (3.14)

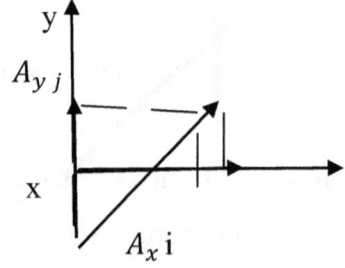

Fig.3.17

El signo de las componentes rectangulares de un vector depende del cuadrante donde se ubiquen

La componente y es positiva La componente x es negativa II cuadrante	Las dos componentes son positivas I cuadrante
Las dos componentes son negativas III cuadrante	La componente x es positiva La componente y es negativa IV cuadrante

Si se requiere adicionar dos vectores cualesquiera A y B, a partir de sus componentes rectangulares. El algoritmo a utilizar seria.

$\vec{R}=\vec{A} + \vec{B} = (\vec{A}_x i + \vec{A}_y j) + (\vec{B}_x i + \vec{B}_y j) = (\vec{A}_x i + \vec{B}_x i) + (\vec{A}_y j + \vec{B}_y j) =$

$\vec{R} = (\vec{A}_x + \vec{B}_x) i + (\vec{A}_y + \vec{B}_y) j \quad (3.15)$

La extensión de este método a vectores en tridimensionales es directa, pues solo se agrega la tercera componente.

$\vec{R} = (\vec{A}_x + \vec{B}_x)\,\text{i} + (\vec{A}_y + \vec{B}_y)j + (\vec{A}_z + \vec{B}_z)k$ este procedimiento es válido inclusive para tres o más vectores, solo hay que tener presente que el signo de las componentes varía según el cuadrante donde esté ubicada.

Por otra parte entre los métodos que facilita la solución algebraica, para obtener un vector resultante contamos con la ley del coseno, cuando el triángulo formado es obtuso, la cual se define como la raíz cuadrada de la suma de los cuadrados de los lados de medida conocidas menos su doble producto con el coseno del ángulo que ellos forman, esto es:

$\vec{R} = \sqrt{A^2 + B^2 - 2AB\cos\theta}$ (3.15)

y para la dirección del vector resultante tenemos le ley del seno esta es:

$\dfrac{sen\beta}{B} = \dfrac{sen\alpha}{A} = \dfrac{sen\theta}{R}$ (3.16)

la que establece una proporcionalidad, a partir de la razón (cociente) entre el seno de un ángulo y el lado del triángulo opuesto a dicho ángulo.

III.5) VECTOR POSICION.

El vector posición de dos puntos O y Q es $\vec{P}$ =OQ como

se muestra en la figura siguiente

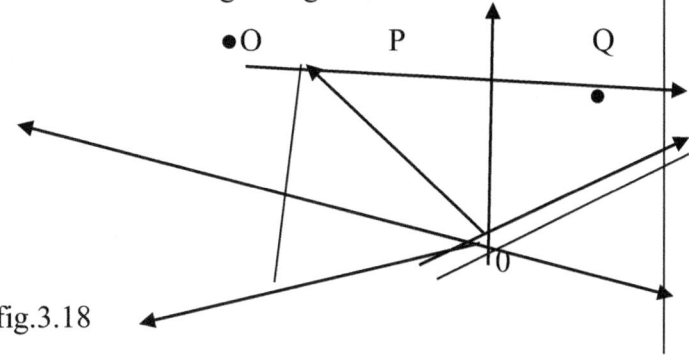

fig.3.18

En la figura 3.20 podemos observar $\vec{R}$=OQ=OP+PQ¨ de modo que

PQ=OQ-OP. También se puede afirmar que:

$$\vec{R}=(x_q - x_o)i + (y_q - y_o)j + (z_q - z_o)k \quad (3.17)$$

Cabe destacar que OQ=QO

Y que al aplicar la expresión 3.17 a la expresión 3.12, obtendremos la expresión analítica para el cálculo de la distancia entre dos puntos, es decir:

$$\vec{R}=\sqrt{(x_2 - x_1)^2 + (y_2 - y_1)^2 + (z_2 - z_1)^2}$$

La cual es muy sencilla de utilizar, por **ejemplo**:

. Obtener la distancia entre los puntos P (6, 8,10) y Q (-4, 4,10)

Solución;

$$|\vec{PQ}|=\sqrt{(-4 - 6)^2 + (4 - 8)^2 + (10 - 10)^2}$$

$$=\sqrt{(-10)^2 + (-4)^2}=\sqrt{100+16}=10{,}77$$

Por tanto $|\overrightarrow{PQ}|=10{,}77$ unidades.

Como ejemplo de adición de vectores podemos mencionar:

Una partícula que se mueve hacia el norte recorriendo 20 km y después en dirección 60° al noroeste (N60°O) 35 km. Obtener la magnitud, dirección y sentido del desplazamiento resultante de la partícula.

La obtención de la solución de este tipo de planteamiento implica seguir un algoritmo tal como
1) extraer los datos
2) graficar para visualizar la posición del vector resultante
3) efectuar, algebraicamente.

- Datos

$\vec{d}_1$=20 km al norte

$\vec{d}_2$= 35 km 60° al noroeste

$\vec{d}_t$=?

- Gráfica. Se hace en el plano cartesiano y tomando como referencia para la orientación los puntos cardinales

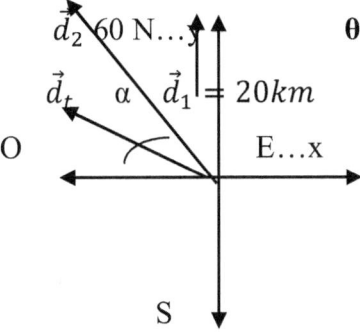

Por ángulos suplementarios $\theta = 180º - 60º = 120º$

- Resolución algebraica.

Usando la ley del coseno (3.15)

Obtenemos el modulo del desplazamiento resultante

$$\vec{d}_t = \sqrt{d_1^2 + d_2^2 - 2d_1 d_2 \cos\theta}$$

$= \sqrt{(20km)^2 + (35km)^2 - 2.20km.35km \cos 120º}$

$= 48{,}21$ km

Usando la ley del seno (3.16) obtendremos la dirección del vector resultante, que es el angulo que se forma entre el vector $\vec{d}_1$ y $\vec{d}_t$ el vector resultante, o sea

$\dfrac{sen\alpha}{\vec{d_2}} = \dfrac{sen\theta}{\vec{d_t}}$ de donde despejaremos a α

sen $\alpha \vec{d_t}$ = sen$\theta \cdot \vec{d_2}$ → senα = $\dfrac{sen\theta \cdot \vec{d_2}}{\vec{d_t}}$ →α=arcsen

$\dfrac{sen\theta \cdot \vec{d_2}}{\vec{d_t}}$ →

α=arcsen 120°. (35)/48,21=39°

El sentido del vector indicado por la punta de flecha del resultante es Noroeste.

Este problema también se puede resolver por el método analítico, es decir por la descomposición de los vectores en sus coordenadas cartesianas, esto es:

Datos

$\vec{d_1}$=20 km al norte

$\vec{d_2}$= 35 km 60° al noroeste

$\vec{d_t}$=?

- Componentes

$\vec{d_t} = \vec{d_1} + \vec{d_2}$

$\vec{d_t} = (\vec{d_1} + \vec{d_2})xi + (\vec{d_1} + \vec{d_2})yj =$
(20cos120°+35cos60°) i + (20sen120°+35sen60°)j= (0-30,31)i + (20+17,50)j= -30,31i + 37,5j

Y el modulo del desplazamiento resultante será:

$\vec{d_t} = \sqrt{(-30,31 km)^2 + (37,5 km)^2}$ = 48,21 km

La dirección la obtendremos por expresión 3.13

$Tg\theta = \dfrac{d_t y}{d_t x}$ →θ=arctg $\dfrac{d_t y}{d_t x}$ = arctg $\dfrac{37,5}{30,31}$ =-59°

59 grados medidos en sentido antihorario a partir del eje

x negativo por lo tanto = 90°-59°=39° y el sentido, según la gráfica y al observar la punta del vector, es noroeste.

Para fijar tu conocimiento es importante que resuelvas los siguientes planteamientos:

1) Obtener las coordenadas rectangulares o cartesianas de:

1.a) $\vec{V}$=8 km/h ,45° con el eje y

1.b) $\vec{F}$=2 dinas ,200° con el eje x

1.c) $\vec{E}$=4 ergios, 240° con el eje y

2) Calcular la magnitud y dirección de cada uno de los vectores dados a continuación:

2.a) $\vec{a}$=(3i-5j)m/s²

2.b) $\vec{f}$= (1,2i-2j) Kg-f

2.c) $\vec{d}$= (4i+2j) km

3) Obtenga el vector resultante entre un vector velocidad de módulo 40 km/s y otro de 60 km/s, si forman un Angulo de 40° entre sí.

Entre vectores, además de la adición, también están definidas otras operaciones tales como el producto escalar y el producto vectorial, las cuales son una herramienta importante para el estudiante de ingeniería, por lo que se incluye un breve resumen sobre estos saberes.

III.6) PRODUCTO ESCALAR

El producto escalar de dos vectores $\vec{A}$ y $\vec{B}$, representado por $\vec{A}.\vec{B}$ que se lee A multiplicado escalarmente por B ;se define como la magnitud escalar obtenida hallando el producto de los módulos de los vectores factores con el coseno del ángulo entre ellos.

Esto es $\vec{A}.\vec{B}$ =ABcosθ (3.18)

Cabe destacar que: el producto escalar de un vector consigo mismo es el cuadrado de su módulo es decir; $\vec{A}.\vec{A}=|A|^2$, ya que el ángulo entre ellos seria cero y cos0°=1

Simbólicamente esto es $\vec{A}.\vec{A}=|A|^2 cos0$.

El producto escalar de dos vectores perpendiculares entre si es cero ya que el ángulo entre ellos seria de 90° y cos 90° =0.

La condición de perpendicularidad se expresa por $\vec{A}.\vec{B}$ =0. (3.19)

De igual manera podemos asegurar que el producto escalar es conmutativo ya que el ángulo entre los vectores es el mismo es decir $\vec{A}.\vec{B}=\vec{B}.\vec{A}$ (3.20) y es distributivo respecto a la adición de vectores;

$\vec{C}.(\vec{A}+\vec{B}) = \vec{C}.\vec{A} + \vec{C}.\vec{B}$ (3.21)

Recordemos también que los productos escalares entre los vectores unitarios son:

i.i=j.j=k.k=1   (3.22)

i.j=j.k=k.i=0   (3.23)

Todo lo anterior genera las siguientes expresiones para el cálculo del producto escalar de vectores en termino de sus componentes cartesianas.

$\vec{A}.\vec{B} = (\vec{A_x}i + \vec{A_y}j + \vec{A_z}k).(\vec{B_x}i + \vec{B_y}j + \vec{B_z}k)$

$= A_xB_x + A_yB_y + A_zB_z$ (3.24)   *de donde*

$\vec{A}.\vec{A} = A^2 = A_x^2 + A_y^2 + A_z^2$ (3.25)

Ejemplo para el cálculo del producto escalar de vectores.

Tiene uso frecuente en el cálculo del ángulo entre dos vectores, es decir:

Si se requiere obtener el ángulo entre los vectores $\vec{A}$= 2i+3j-k y $\vec{B}$=-i+j+2k

Primero calculamos su producto escalar por (3.24)

$\vec{A}.\vec{B}$=2(-1)+3.1+(-1).2=-1   luego los módulos de cada vector por (3.12)

$|\vec{A}.|=\sqrt{2^2 + 3^2 + 1^2}$=3,74 unidades

$|\vec{B}.|=\sqrt{1^2 + 1^2 + 2^2}$==2,45 unidades luego despejando en (3.18) tendremos

$\cos\theta = \dfrac{\vec{A}.\vec{B}}{AB} = \dfrac{-1}{9,17} = -0,109$ por tanto $\theta = 96,3°$

III.7) PRODUCTO VECTORIAL.

El producto vectorial entre dos vectores $\vec{A}$ y $\vec{B}$, representado simbólicamente por $\vec{A} \times \vec{B}$, y se lee el vector A multiplicado vectorialmente por el vector B, se define por el vector perpendicular al plano determinado por A y B en la dirección de avance de un tornillo de rosca derecha que ha sido rotado de A hacia B (figura 3.20). Un tornillo de rosca derecha es aquel que, si colocamos nuestra mano derecha como muestra la figura 3.21, con los dedos señalando en la dirección de la rotación, el tornillo avanza en la dirección del pulgar. La mayoría de los tornillos ordinarios son de rosca derecha.

- b x a

- fig.3.20

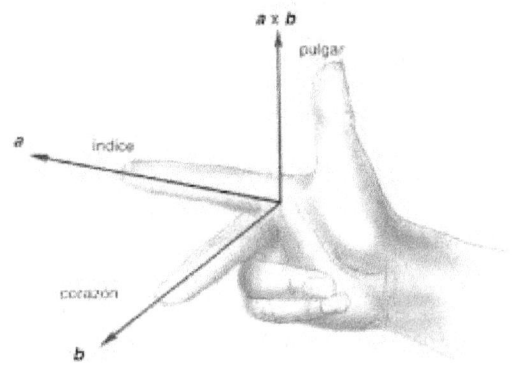

fig.3.21

bxa 1

El producto vectorial está definido por la expresión:

$$|\vec{A} \times \vec{B}| = \vec{A}.\vec{B}\operatorname{Sen}\theta \quad (3.26)$$

La definición de producto vectorial genera:

$\vec{A} \times \vec{B} = -\vec{B} \times \vec{A}$ (3.27) ya que el sentido del tornillo se invierte cuando el orden de los vectores se cambia, esto indica que el producto vectorial es anti conmutativo.

Si dos vectores son paralelos se tendrá que $\theta=0°$ y $\operatorname{sen}0°=0$, por lo que el producto vectorial será cero, por consiguiente, la condición de paralelismo entre vectores es: $\vec{A} \times \vec{B} = 0$ y por supuesto $\vec{A} \times \vec{A} = 0$ (3.28)

Cabe destacar que la magnitud del producto vectorial es igual al área del paralelogramo formado por los vectores, o es igual al doble del área del triángulo formado con su resultante; analíticamente esto es x =sen =h donde h es la altura del paralelogramo formado por los vectores como lados así   x =A=el área del paralelogramo.

El producto vectorial es distributivo respecto a la adición de vectores esto es:

$\vec{C} \times (\vec{A} + \vec{B}) = (\vec{C} \times \vec{A}) + (\vec{C} \times \vec{B})$ (3.29)

Los productos vectoriales entre los vectores unitarios son:

ixj=-jxi=k   (3.30)

jxk=-kxj=i   (3.31)

kxi=-ixk=j   (3.32)

ixi=jxj=kxk=0   (3.33)

En base a la definición y la propiedad distributiva la expresión para el producto vectorial en términos de sus coordenadas cartesianas y unitarias es;

$\vec{A} \times \vec{B} = (\vec{A_x}\mathrm{i} + \vec{A_y}\mathrm{j} + \vec{A_z}\mathrm{k}) \cdot (\vec{B_x}\mathrm{i} + \vec{B_y}\mathrm{j} + \vec{B_z}\mathrm{k})$

$= (A_y B_z - A_z B_y)i + (A_z B_x - A_x B_z)j + (A_x B_y - A_y B_x)k$ (3.34) Ecuación que se puede escribir de manera compacta mediante el uso del determinante así:

$\vec{A} \times \vec{B} = \begin{vmatrix} i & j & k \\ A_x & A_y & A_z \\ B_x & B_y & B_z \end{vmatrix}$ (3.35)   por lo que es importante que recapitules sobre los determinantes.

Ejemplo, una de las aplicaciones más comunes que se da al producto vectorial es en el cálculo de áreas.

Hallar el área del paralelogramo determinado por los vectores $\vec{V_a}$= 2i+3j-k y $\vec{V_b}$=-i+j-2k

Solución primero calculamos el producto vectorial usando (3.35)

$$\vec{V_a} x \vec{V_b} = \begin{vmatrix} i & j & k \\ 2 & 3 & -1 \\ -1 & 1 & 2 \end{vmatrix} = 6i+2k+j+3k-4j+i = 7i-3j+5k$$

Y luego el área del paralelogramo que es el modulo del vector obtenido

Área =$|\vec{V_a} x \vec{V_b}|$ = $\sqrt{7^2 + (-3)^2 + 5^2}$ =9,110 unidades.

Para recapitular la unidad de saberes estudiada resuelve los siguientes planteamientos:

1) Escribe 10 magnitudes escalares y 10 vectoriales relacionadas con tu área de estudio. justifica tu respuesta.

2) Obtener las componentes o coordenadas cartesianas de cada una de las magnitudes vectoriales señaladas a continuación

2.a) Desplazamiento de un electrón: 100 km este

2.b) Desplazamiento de una partícula en un campo magnético: 5,10cm a 11,3° N-O.

2.c) Desplazamiento de una carga por acción de una

fuerza eléctrica de atracción: 42m 30° S-E

2.d) Fuerza de tensión que actúa sobre un cuerpo suspendido por una cuerda: 5 N 105 ° con el eje y

2.e) Peso de un cuerpo .7lbf, 55° con el eje x

3) Calcula la magnitud y dirección para cada vector dado a continuación

3.a) $\vec{V_a}$=2i-3j

3.b) $\vec{V_b}$=5i+1/2 j

3.c) $\vec{V_c}$=-3i-7i

3.d) $\vec{V_d}$=-0,52i+0,25j

3.e) $\vec{V_e}$=4i+4j

4) Calcular la magnitud vectorial resultante, en cada planteamiento.

4.a) $\vec{V_1}$=40 km/h , $\vec{V_2}$=60 km/h, si forman un ángulo de 40° entre si

4.b) $\vec{d_1}$=105m , $\vec{d_2}$=37m si forman entre ellos un ángulo de 0°

4.c) $\vec{a_1}$=2x cm/s², $\vec{a_2}$= 5x cm/s², si forman un ángulo de 120°

4.d) $\vec{f_a}$=30n, $\vec{f_b}$=15 n y forman entre ellos un ángulo de 90°

5) Obtener el producto vectorial de dos vectores de módulos 30u y 20 u que forman un ángulo de 70 °.

6) Calcular el ángulo formado entre dos vectores de coordenadas 4i+3j-8k y 2i-5j+2k

Serie Jelu-Ruemar. Profesora Scarlet C. Rueda M

7) Calcular el área determinada por dos vectores de coordenadas cartesianas 2i+3j-5k y 2i-7j+8k

8) Calcular el producto vectorial entre dos vectores de coordenadas 2i+3j+5k y 4i-3j-10k

9) Calcular el producto escalar entre dos vectores de coordenadas 8i+2j-5k y -3i-4j+2k

copyright
Todos los derechos reservados
©2019 **1912032611767**

Primera edición.

www.ingramcontent.com/pod-product-compliance
Lightning Source LLC
Chambersburg PA
CBHW070817220526
45466CB00002B/688